Abdelhafid Mimouni

Um mergulho no labirinto dos defeitos Schottky

Abdelhafid Mimouni

Um mergulho no labirinto dos defeitos Schottky

ScienciaScripts

Imprint
Any brand names and product names mentioned in this book are subject to trademark, brand or patent protection and are trademarks or registered trademarks of their respective holders. The use of brand names, product names, common names, trade names, product descriptions etc. even without a particular marking in this work is in no way to be construed to mean that such names may be regarded as unrestricted in respect of trademark and brand protection legislation and could thus be used by anyone.

Cover image: www.ingimage.com

This book is a translation from the original published under ISBN 978-620-6-71224-4.

Publisher:
Sciencia Scripts
is a trademark of
Dodo Books Indian Ocean Ltd. and OmniScriptum S.R.L publishing group

120 High Road, East Finchley, London, N2 9ED, United Kingdom
Str. Armeneasca 28/1, office 1, Chisinau MD-2012, Republic of Moldova, Europe
Printed at: see last page
ISBN: 978-620-7-63570-2

"Um mergulho no labirinto dos defeitos de Schottky".

Autor: O Dr. Abdelhafid Mimouni é um investigador independente especializado na química de sistemas bioinorgânicos, com uma vasta experiência na síntese e caraterização macromoleculares. Obteve o seu doutoramento em química pela Universidade de Paris XII em 1997 e um Diplôme des Etudes Approfondies des systèmes bioinorganiques pela Universidade de Paris XI em 1993.

Resumo:

Os defeitos de Schottky, descobertos por Walter H. Schottky em 1938, são imperfeições cristalinas que desempenham um papel crucial nas propriedades dos materiais. Estes defeitos, que resultam da perda de átomos numa estrutura cristalina, afectam a condutividade eléctrica, a resistência mecânica e as propriedades ópticas e catalíticas dos materiais. A compreensão e o controlo destes defeitos constituem desafios importantes em muitos domínios da ciência e da tecnologia, incluindo a engenharia dos materiais, a eletrónica, a catálise e as tecnologias emergentes, como a computação quântica e os dispositivos fotónicos. A investigação atual explora as potenciais aplicações dos defeitos de Schottky, procurando desenvolver novos materiais e técnicas para otimizar a sua utilização em vários domínios de aplicação.

Plano :

Introdução

No vasto domínio da ciência dos materiais, a importância dos defeitos cristalinos é indiscutível. Entre estas imperfeições, os defeitos de Schottky ocupam um lugar especial, oferecendo sérias oportunidades de exploração científica e tecnológica. Este livro é um mergulho profundo no intrigante mundo dos defeitos de Schottky, desde as suas origens até às suas potenciais aplicações, fornecendo uma visão abrangente do seu papel na conceção e otimização dos materiais modernos.

Para compreender plenamente o impacto dos defeitos de Schottky, é essencial recuar às raízes da sua descoberta. Wilhelm Schottky, um físico e engenheiro alemão nascido em 1886, foi um dos pioneiros no estudo dos defeitos cristalinos. Ao longo da sua notável carreira, Schottky fez contribuições significativas para várias áreas da física, mas foi o seu trabalho sobre defeitos em cristais que lhe valeu um reconhecimento duradouro na comunidade científica.

Nascido em Zurique, na Suíça, Schottky estudou física na Universidade de Munique, onde obteve o seu doutoramento em 1912. Posteriormente, ocupou vários cargos académicos, incluindo o de professor de física na Universidade de Rostock e na Universidade de Wrocław. Schottky deu importantes contributos para a física teórica e experimental, centrando-se nas propriedades dos materiais e nos defeitos cristalinos.

Entre as suas muitas realizações, Schottky é mais conhecido pelo seu trabalho sobre defeitos em cristais, em particular os defeitos pontuais que agora têm o seu nome. Os defeitos de Schottky, caracterizados pela presença de espaços vazios na estrutura cristalina, têm fascinado cientistas e engenheiros desde então pelo seu papel nas propriedades dos materiais.

Atualmente, os defeitos de Schottky continuam a ocupar um lugar central na investigação da ciência dos materiais. Compreendê-los e manipulá-los oferece oportunidades sem precedentes para conceber materiais feitos à medida com propriedades específicas, abrindo caminho para uma nova era de descoberta e inovação em domínios que vão da eletrónica à energia e muito mais.

Este livro é uma viagem através da excitante paisagem dos defeitos de Schottky, oferecendo uma exploração aprofundada da sua história, natureza e impacto no nosso mundo moderno. Quer seja um investigador experiente, um estudante curioso ou um profissional da indústria, esperamos que este mergulho no mundo dos defeitos Schottky desperte o seu fascínio pelas infinitas possibilidades que oferecem na procura de materiais e tecnologias avançadas.

Capítulo 1: Introdução geral

Introdução

Os defeitos de Schottky, vacâncias pontuais em redes cristalinas, são de importância vital em vários domínios da tecnologia. Formam-se quando os átomos e os seus iões associados estão ausentes de sítios adjacentes, criando um par de lacunas ligadas. Estes defeitos têm uma influência significativa nas propriedades físicas, químicas e electrónicas de muitos materiais, tais como a condutividade eléctrica, a resistência mecânica, o desempenho catalítico e as propriedades ópticas. Compreender em pormenor a sua formação, evolução e impacto é essencial para otimizar o desempenho dos materiais e desenvolver novas aplicações inovadoras.

1.1 Definição de defeitos Schottky

Os defeitos de Schottky, a nível atómico, resultam da ausência simultânea de um átomo e do seu ião associado em locais adjacentes da rede cristalina. Esta ausência provoca uma perturbação local na rede, alterando as propriedades do material. A sua formação é regida por princípios termodinâmicos que têm como objetivo minimizar a energia livre do sistema.

1.2 Envelhecimento dos materiais e evolução dos defeitos de Schottky

Com o tempo, a concentração e a distribuição dos defeitos Schottky alteram-se em resposta às condições de utilização (temperatura, stress, ambiente, etc.). Este envelhecimento intrínseco dos materiais pode alterar as suas propriedades físicas e químicas. Por exemplo, a altas temperaturas, os defeitos Schottky podem recombinar-se ou difundir-se, resultando em alterações microestruturais que afectam a resistência mecânica, a condutividade eléctrica e outras propriedades importantes.

1.3 Objectivos do livro

O objetivo deste livro é fornecer uma visão abrangente dos defeitos Schottky, desde a sua origem até à sua influência nas propriedades dos materiais, bem como estratégias para os controlar. O livro abordará os princípios fundamentais, as técnicas de caraterização, os modelos teóricos e os desafios actuais neste domínio.

1.4 Exemplos do impacto dos defeitos de Schottky em aplicações reais

1 Ligas de alta temperatura: Nos motores a jato, os materiais têm de suportar temperaturas extremas. Os defeitos Schottky podem desempenhar um papel crucial na difusão de elementos e na estabilização da microestrutura a altas temperaturas, ajudando a manter as propriedades mecânicas e a durabilidade dos componentes do motor.

2 Revestimentos anti-corrosão: As aeronaves estão expostas a ambientes corrosivos, como a humidade e os produtos químicos nas pistas ou durante voos a grande altitude. Os defeitos Schottky podem ser utilizados para conceber revestimentos protectores que explorem

propriedades específicas de difusão iónica para evitar a corrosão de superfícies metálicas.

3 Materiais compósitos: Os materiais compósitos são cada vez mais utilizados na construção de aeronaves para reduzir o peso e melhorar o desempenho. Os defeitos Schottky podem influenciar a ligação interfacial entre as fibras e a matriz, afectando a resistência mecânica e a durabilidade dos compósitos.

4 Catalisadores de propulsão: Os defeitos de Schottky podem ser explorados na conceção de catalisadores para sistemas de propulsão aeronáutica, como os motores a jato. Ao modificar as propriedades da superfície e a reatividade química, estes catalisadores podem melhorar a eficiência energética e reduzir as emissões poluentes.

5 Materiais para estruturas aerodinâmicas: Os defeitos de Schottky podem afetar as propriedades mecânicas dos materiais utilizados na construção de estruturas aerodinâmicas, como as asas e as fuselagens. Ao compreender e controlar estes defeitos, é possível otimizar a resistência, leveza e durabilidade destas estruturas, contribuindo assim para a segurança e eficiência das aeronaves.

1.5 Relações entre os defeitos de Schottky e as deslocações na deterioração dos materiais

Tanto os defeitos Schottky como as deslocações desempenham um papel essencial nos mecanismos de degradação e envelhecimento dos materiais. Embora de natureza diferente, estes dois tipos de defeitos cristalinos interagem e influenciam-se mutuamente, contribuindo assim para a evolução das propriedades dos materiais durante a sua utilização.

Por um lado, a presença de defeitos Schottky modifica localmente a estrutura da rede, criando zonas de distorção e desordem. Estas perturbações favorecem a nucleação e a migração de deslocações, que são defeitos lineares correspondentes a deslocamentos relativos de planos atómicos.

Os deslocamentos movem-se mais facilmente em regiões onde a densidade de defeitos de Schottky é elevada, uma vez que estas lacunas pontuais actuam como locais de aprisionamento ou nucleação de deslocamentos. Por sua vez, o movimento e a acumulação de deslocações conduzem a alterações na concentração local dos defeitos de Schottky, alterando as suas propriedades de dispersão e energia.

Esta interação complexa entre defeitos pontuais e lineares desempenha um papel importante nos processos de fadiga, fluência e corrosão dos materiais. Por exemplo, o aumento da mobilidade das deslocações, facilitado pelos defeitos Schottky, favorece a formação de microfissuras e a propagação de fissuras, acelerando assim a degradação mecânica do material.

Do mesmo modo, a presença combinada destes dois tipos de defeitos pode modificar as propriedades de transporte das espécies químicas (iões, electrões, etc.), influenciando as reacções de oxidação, de passivação ou de corrosão na superfície ou no volume do material. O resultado é uma deterioração progressiva do desempenho e da duração de vida do material ao longo da sua utilização.

Capítulo 2. Princípios fundamentais dos defeitos de Schottky

Os defeitos de Schottky são defeitos pontuais nas redes cristalinas dos materiais, que desempenham um papel essencial em vários domínios, incluindo o aeroespacial. Uma compreensão aprofundada dos princípios fundamentais destes defeitos é crucial para avaliar a estabilidade e a durabilidade dos materiais utilizados na construção de aeronaves. Este capítulo explora a estrutura atómica dos defeitos de Schottky, os mecanismos da sua formação e as implicações termodinâmicas associadas.

2.1 Estrutura atómica dos defeitos de Schottky e interacções com deslocações

A nível atómico, um defeito de Schottky caracteriza-se pela ausência simultânea de um átomo e do seu ião associado em locais adjacentes da rede cristalina. Este par de lacunas ligadas induz uma distorção local da rede, afectando as propriedades físicas e mecânicas do material. Esta distorção pode ser medida utilizando várias técnicas, como a difração de raios X e a espetroscopia de dispersão de neutrões. Por exemplo, dispositivos como os interferómetros laser monitorizam em tempo real as variações de comprimento ou a deformação de um material sujeito a cargas mecânicas.

Os defeitos de Schottky e as deslocações são dois tipos de defeitos cristalinos que interagem estreitamente na deterioração dos materiais. A presença de defeitos Schottky cria zonas de distorção e desordem na rede cristalina, favorecendo a nucleação e a migração de deslocações. As deslocações, por sua vez, deslocam-se mais facilmente para regiões ricas em defeitos de Schottky, o que modifica a concentração local destes defeitos e influencia as suas propriedades de difusão e energia. Esta interação complexa entre defeitos pontuais e lineares desempenha um papel importante nos processos de fadiga, fluência e corrosão dos materiais.

No domínio da aviação, em que a resistência e a durabilidade dos materiais são cruciais, a compreensão destas interacções entre os defeitos de Schottky e as deslocações é essencial para avaliar o desempenho dos materiais em diversas condições de voo.

Uma das equações comumente usadas para quantificar a distorção mecânica de um material é a lei de Hooke, expressa como: $\sigma = E\sigma\,\epsilon$

Onde:

-σ : é a tensão aplicada ao material (em Pa),

-E : é o módulo de Young do material (em Pa),

-ϵ: é a deformação ou tensão definida como a variação relativa do comprimento do material em relação ao seu comprimento inicial.

Esta equação permite-nos compreender como a tensão aplicada a um material está relacionada com a sua deformação, o que é crucial para avaliar a resposta mecânica dos materiais a cargas externas.

2.2 Mecanismos de formação de defeitos Schottky

A formação de defeitos Schottky é um processo regulado por mecanismos termodinâmicos e cinéticos complexos. A altas temperaturas, é mais provável que se formem vacâncias pontuais à medida que a entropia do sistema aumenta. Este aumento da entropia promove a desorganização da rede cristalina, permitindo a criação de pares de vacâncias ligadas, características dos defeitos de Schottky.

Por exemplo, durante o arrefecimento rápido após o tratamento térmico, podem formar-se gradientes de concentração de átomos no material. Estes gradientes de concentração criam condições propícias à formação de vacâncias, uma vez que os átomos podem mover-se mais rapidamente do que a sua mobilidade de recombinação. Como resultado, os defeitos Schottky podem formar-se em locais específicos onde as vacâncias têm maior probabilidade de se encontrar e estabilizar.

Uma vez formados, estes defeitos Schottky podem desempenhar um papel crítico na degradação dos materiais. Actuam como pontos de concentração de tensões, favorecendo a iniciação e a propagação de fissuras no material. A presença destes defeitos enfraquece localmente a estrutura cristalina, tornando o material mais vulnerável a tensões externas. Uma compreensão detalhada dos mecanismos pelos quais os defeitos Schottky se formam é, portanto, essencial para a conceção de processos de fabrico e de tratamento térmico que minimizem a formação destes defeitos indesejáveis.

Ao concentrarem-se na compreensão dos mecanismos subjacentes à formação de defeitos Schottky, os engenheiros e investigadores podem desenvolver estratégias para a conceção de materiais mais resistentes e duradouros. Isto pode incluir a otimização dos parâmetros de tratamento térmico, o desenvolvimento de novas ligas resistentes a defeitos Schottky ou a aplicação de técnicas de revestimento de superfícies para aumentar a resistência às tensões induzidas por estes defeitos.

Em suma, a análise aprofundada dos mecanismos de formação dos defeitos Schottky é crucial para a conceção de materiais de elevado desempenho numa variedade de aplicações tecnológicas. Ao compreender as condições e os processos que favorecem a formação destes defeitos, torna-se possível controlá-los e minimizar o seu impacto no desempenho dos materiais.

2.3 Termodinâmica dos defeitos de Schottky

A termodinâmica dos defeitos de Schottky é uma disciplina crucial para a compreensão do seu comportamento a diferentes temperaturas, pressões e composições. Baseia-se em equações termodinâmicas e princípios fundamentais que descrevem as reacções e equilíbrios que envolvem estes defeitos pontuais em materiais cristalinos.

A concentração de equilíbrio dos defeitos de Schottky é altamente dependente de parâmetros como a temperatura, a pressão e a composição do material. Esta dependência é frequentemente descrita por equações termodinâmicas, tais como as equações de Gibbs-Duhem, que descrevem variações na entalpia livre de um sistema em equilíbrio.

A altas temperaturas, a entropia do sistema favorece a formação de defeitos Schottky. Isto deve-se ao facto de, com o aumento da temperatura, os átomos da rede cristalina adquirirem maior energia cinética, o que aumenta a sua mobilidade e facilita a formação de defeitos pontuais. Como resultado, a temperaturas mais elevadas, a concentração de defeitos Schottky no material é geralmente maior.

No entanto, a temperaturas mais baixas, podem predominar reacções inversas, como a migração e a recombinação de defeitos. Estes processos de migração e recombinação podem levar a uma diminuição da concentração de defeitos Schottky no material.

No sector da aviação, a termodinâmica dos defeitos de Schottky é de extrema importância para a previsão do comportamento dos materiais em ambientes extremos. Ao compreender os princípios termodinâmicos que regem a formação e a reação destes defeitos, os engenheiros podem conceber materiais mais resistentes e duradouros para aplicações aeronáuticas. Por exemplo, através do ajuste dos parâmetros de tratamento térmico ou da escolha de ligas específicas, é possível controlar a concentração de defeitos Schottky no material, o que pode ter um impacto significativo na sua resistência mecânica e durabilidade.

A incorporação destes princípios na conceção dos materiais ajuda a garantir a segurança e a fiabilidade das estruturas aeronáuticas, optimizando simultaneamente o seu desempenho mecânico e a sua resistência à corrosão. Ao combinar um conhecimento profundo da termodinâmica dos defeitos Schottky com técnicas avançadas de modelação, os engenheiros podem antecipar e prevenir potenciais falhas de materiais, contribuindo assim para a segurança e eficiência dos sistemas aeronáuticos.

Capítulo 3: Impacto dos defeitos de Schottky nas propriedades dos materiais

Os defeitos de Schottky, como lacunas pontuais nas redes cristalinas, têm uma influência significativa numa série de propriedades dos materiais, incluindo propriedades eléctricas, mecânicas, ópticas e catalíticas.

3.1 Efeitos nas propriedades eléctricas

Os defeitos de Schottky têm um impacto significativo na condutividade eléctrica dos materiais, alterando a mobilidade dos portadores de carga na rede cristalina. Os seus efeitos nas propriedades eléctricas dependem de uma série de factores, incluindo o tipo de material, a densidade dos defeitos e a natureza das interacções entre os portadores de carga e os próprios defeitos de Schottky.

Quando os defeitos Schottky estão presentes num material, podem afetar a sua condutividade eléctrica de diferentes formas:

1 Aumento da condutividade: Em alguns casos, a presença de defeitos de Schottky pode aumentar a condutividade eléctrica, criando caminhos de condução alternativos para os portadores de carga. Isto pode ocorrer quando os defeitos de Schottky actuam como centros de dispersão, facilitando o movimento dos portadores de carga através do material.

2 Diminuição da condutividade: Por outro lado, noutras situações, os defeitos de Schottky podem levar a uma diminuição da condutividade eléctrica, perturbando a mobilidade dos portadores de carga. Por

exemplo, a presença de defeitos pode interferir com o movimento de electrões ou buracos no material, reduzindo a sua condutividade global.

Além disso, os defeitos de Schottky podem também atuar como locais de dopagem em materiais semicondutores. Quando combinados com impurezas intencionalmente introduzidas no material, estes defeitos podem influenciar os níveis de dopagem e, por conseguinte, as propriedades eléctricas do material. Por exemplo, a presença de defeitos de Schottky pode alterar a concentração de portadores de carga livre, afectando assim a condutividade eléctrica do material.

A relação entre os defeitos de Schottky e as propriedades eléctricas dos materiais pode ser descrita por várias equações e modelos, incluindo a lei de Ohm para os materiais condutores e as equações de transporte para os semicondutores. Estes modelos têm em conta a densidade dos defeitos, a mobilidade dos portadores de carga e outros parâmetros para prever o comportamento elétrico global do material.

Em conclusão, a compreensão dos efeitos dos defeitos de Schottky nas propriedades eléctricas dos materiais é essencial para a conceção e otimização de dispositivos electrónicos e componentes semicondutores. Ao incorporar este conhecimento na conceção de materiais e dispositivos, é possível explorar plenamente as vantagens ou minimizar os efeitos adversos destes defeitos no desempenho elétrico dos sistemas.

3.2 Efeitos nas propriedades mecânicas

Os defeitos Schottky têm uma influência significativa na dureza, ductilidade e resistência ao esforço mecânico e, por conseguinte, na durabilidade dos materiais. A sua presença perturba a estrutura cristalina, o que pode ter vários efeitos nas propriedades mecânicas dos materiais.

1 Dureza: Os defeitos Schottky podem afetar a dureza dos materiais ao criarem obstáculos à deformação plástica. Quando é aplicada tensão ao material, estes defeitos podem atuar como pontos de ancoragem para deslocações, impedindo o seu movimento e aumentando a resistência à deformação. Isto resulta geralmente num aumento da dureza do material.

2 Ductilidade: Ao perturbar a estrutura cristalina, os defeitos de Schottky podem também afetar a ductilidade dos materiais. Quando os defeitos Schottky estão presentes, a propagação das deslocações pode ser impedida, limitando a capacidade do material para se deformar plasticamente antes da fratura. Consequentemente, a presença de defeitos de Schottky pode reduzir a ductilidade do material, tornando-o mais frágil.

3 Resistência a tensões mecânicas: Os defeitos de Schottky actuam como pontos de concentração de tensões no material. Quando é aplicada uma tensão externa, estes defeitos podem atuar como pontos de partida para a iniciação e propagação de fendas, reduzindo a resistência global do material à tensão mecânica. Assim, a presença de defeitos Schottky

pode comprometer a resistência e a durabilidade dos materiais, particularmente em condições de carga severas.

A relação entre os defeitos Schottky e as propriedades mecânicas dos materiais pode ser descrita por modelos como a teoria da plasticidade ou a mecânica da fratura. Estes modelos têm em conta parâmetros como a densidade dos defeitos, a dimensão do grão e a natureza das interacções entre defeitos e deslocações para prever o comportamento mecânico global do material.

Em conclusão, a compreensão dos efeitos dos defeitos Schottky nas propriedades mecânicas dos materiais é essencial para a conceção de estruturas e componentes robustos e duradouros. Ao identificar e quantificar o impacto destes defeitos na resistência e durabilidade dos materiais, é possível desenvolver estratégias de conceção destinadas a minimizar os efeitos adversos destes defeitos e a melhorar o desempenho mecânico dos materiais numa série de aplicações industriais e tecnológicas.

3.3 Efeitos nas propriedades ópticas

Os defeitos Schottky têm uma influência significativa nas propriedades ópticas dos materiais, afectando a sua capacidade de absorver, emitir e dispersar a luz. Esta influência é particularmente crucial em várias aplicações, como a optoelectrónica, a fotónica e os dispositivos ópticos.

1 Absorção e emissão de luz: Os defeitos de Schottky podem modificar as bandas de absorção e emissão dos materiais. Ao perturbar a regularidade da rede cristalina, estes defeitos criam níveis de energia adicionais na estrutura eletrónica do material. Estes níveis de energia podem afetar as transições electrónicas, conduzindo a alterações nos espectros de absorção e emissão do material. Por exemplo, os defeitos de Schottky podem introduzir novos níveis de energia no intervalo de banda de um material semicondutor, alterando as suas propriedades ópticas e eléctricas.

2 Transmitância e reflectância: A presença de defeitos Schottky pode também influenciar a transmitância e a reflectância dos materiais. Estes defeitos podem atuar como locais de dispersão da luz, resultando num aumento da dispersão e numa diminuição da transmitância através do material. Além disso, os defeitos Schottky podem alterar o índice de refração do material, afectando a sua capacidade de refletir a luz incidente. Consequentemente, a presença de defeitos de Schottky pode alterar as propriedades ópticas globais do material, o que tem implicações importantes para a conceção de dispositivos ópticos e fotónicos.

A relação entre os defeitos de Schottky e as propriedades ópticas dos materiais pode ser estudada utilizando técnicas como a espetroscopia ótica, a espetroscopia de absorção, a fotoluminescência e a dispersão da luz. Estas técnicas podem ser utilizadas para caraterizar os espectros de absorção e emissão dos materiais, bem como o seu comportamento ótico global na presença de defeitos de Schottky.

Em conclusão, a presença de defeitos de Schottky pode ter um impacto significativo nas propriedades ópticas dos materiais, o que exige uma compreensão aprofundada da sua influência em várias aplicações ópticas e fotónicas. Ao incorporar estes conhecimentos na conceção de novos materiais e dispositivos ópticos, os efeitos dos defeitos de Schottky podem ser plenamente explorados para desenvolver tecnologias ópticas inovadoras e de elevado desempenho.

3.4 Efeitos sobre as propriedades catalíticas

Os defeitos de Schottky exercem uma influência significativa nas propriedades catalíticas dos materiais, desempenhando um papel crucial em muitos processos de catálise heterogénea. O seu impacto na eficiência catalítica depende de vários factores, tais como a natureza das reacções químicas, a composição dos materiais e a estrutura dos próprios defeitos.

1 Modificação da superfície ativa: Os defeitos de Schottky podem modificar a superfície ativa disponível para as reacções químicas, perturbando a regularidade da rede cristalina à superfície do material. Estes defeitos criam sítios de ligação com os reagentes, aumentando assim a probabilidade de formação de espécies de reação intermédias e

facilitando as etapas da reação. Por exemplo, nos catalisadores à base de metal, os defeitos Schottky podem atuar como sítios activos para a adsorção e dissociação de moléculas reactivas, melhorando a eficiência catalítica global do material.

2 Influência na cinética da reação : A presença de defeitos de Schottky pode também afetar a cinética das reacções catalíticas, modificando as barreiras energéticas associadas às diferentes fases do processo de reação. Por exemplo, os defeitos de Schottky podem facilitar a dessorção dos produtos da reação, acelerando assim a velocidade global da reação. Além disso, estes defeitos podem também modificar a seletividade das reacções, favorecendo certas vias de reação em detrimento de outras, o que pode ter um impacto significativo no rendimento e na seletividade dos produtos catalíticos.

3 Exemplos de impacto nas aplicações : Os defeitos de Schottky desempenham um papel crucial em muitas aplicações catalíticas, tais como a conversão de gás de síntese em combustíveis líquidos, a redução de óxidos de azoto em conversores catalíticos para automóveis e a produção de hidrogénio a partir da reforma do metano. Nestes sistemas, a presença de defeitos Schottky em catalisadores metálicos ou cerâmicos pode melhorar significativamente a atividade catalítica, a seletividade do produto e a estabilidade a longo prazo do material catalítico.

Em conclusão, os defeitos de Schottky desempenham um papel crucial nas propriedades catalíticas dos materiais, influenciando a eficiência, a seletividade e a estabilidade dos catalisadores heterogéneos numa variedade de aplicações industriais e ambientais. É essencial uma compreensão aprofundada do seu impacto nos processos catalíticos para conceber e otimizar novos materiais catalíticos com melhor desempenho e durabilidade.

Capítulo 4: Identificação e caraterização de defeitos Schottky

A compreensão e caraterização exactas dos defeitos Schottky são essenciais para avaliar o seu impacto nas propriedades dos materiais e para desenvolver estratégias de prevenção e otimização.

4.1 Técnicas experimentais

As técnicas experimentais desempenham um papel essencial na identificação e caraterização dos defeitos de Schottky a diferentes escalas, desde a microscópica à atómica. Entre estas técnicas, a microscopia eletrónica desempenha um papel predominante. A microscopia eletrónica de varrimento (SEM) e a microscopia eletrónica de transmissão (TEM) permitem observar a estrutura cristalina dos materiais com uma resolução sub-nanométrica, possibilitando a visualização dos defeitos de Schottky à escala atómica.

Para além da microscopia eletrónica, são também utilizadas outras técnicas experimentais, como a espetroscopia de dispersão de neutrões, a difração de raios X e a espetroscopia Raman, para estudar os defeitos de Schottky. Estas técnicas podem ser utilizadas para determinar a distribuição espacial, a densidade e as propriedades estruturais dos defeitos nos materiais, fornecendo informações completas sobre a sua natureza e comportamento.

Na aviação, estas técnicas experimentais são de importância vital para avaliar a qualidade e a fiabilidade dos materiais utilizados na construção de estruturas aeronáuticas. A combinação destes diferentes métodos permite aos engenheiros caraterizar de forma exaustiva os defeitos Schottky presentes nos materiais, permitindo a conceção de componentes aeronáuticos mais seguros e duradouros. A microscopia eletrónica, em particular a microscopia eletrónica de varrimento (SEM) e a microscopia eletrónica de transmissão (TEM), oferece uma elevada resolução espacial, permitindo a visualização direta dos defeitos de Schottky à escala atómica. Estas técnicas permitem-nos não só observar a distribuição e a densidade dos defeitos, mas também caraterizar a sua estrutura e morfologia.

A espetroscopia, como a espetroscopia de absorção de raios X, a espetroscopia Raman e a espetroscopia de fotoelectrões (XPS), é amplamente utilizada para investigar as propriedades electrónicas e químicas dos defeitos Schottky. Ao analisar as transições electrónicas e as interacções fotão-matéria, estas técnicas fornecem informações valiosas sobre a natureza e o estado dos defeitos presentes nos materiais.

4.2 Modelação e simulações numéricas

A modelação e as simulações numéricas são ferramentas essenciais para compreender os mecanismos pelos quais os defeitos Schottky se formam e evoluem nos materiais. Estas abordagens permitem simular o comportamento dos materiais à escala atómica e prever a sua resposta em diferentes condições ambientais e de processamento.

As simulações atomísticas, como a dinâmica molecular e o método dos primeiros princípios, permitem modelar o movimento dos átomos e dos defeitos nos materiais com grande precisão. Estas simulações fornecem informações pormenorizadas sobre a estrutura, a energia e a estabilidade dos defeitos de Schottky, permitindo-nos compreender os seus efeitos nas propriedades dos materiais.

A modelização atomística, baseada em métodos de cálculo ab initio como a DFT (Teoria do Funcional da Densidade), permite prever as propriedades dos defeitos de Schottky à escala atómica. Ao simular as interacções entre átomos e electrões, estas abordagens fornecem informações valiosas sobre a estrutura, a energia e a estabilidade dos defeitos, bem como sobre os seus efeitos nas propriedades dos materiais.

As simulações numéricas a uma escala mesoscópica, como a dinâmica molecular e a modelação por elementos finitos, permitem estudar o comportamento dos defeitos de Schottky a escalas maiores. Têm em conta as interacções entre defeitos, deslocações e tensões externas, permitindo prever o comportamento macroscópico dos materiais que contêm defeitos de Schottky.

Paralelamente, são utilizadas simulações à escala mesoscópica e macroscópica, como os métodos da teoria dos campos de fase e as simulações de elementos finitos, para modelizar o comportamento global dos materiais, tendo em conta a presença de defeitos Schottky. Analisam o impacto dos defeitos nas propriedades mecânicas, eléctricas, ópticas e catalíticas dos materiais, fornecendo informações valiosas para a conceção e otimização de materiais em várias aplicações.

Na aviação, a modelação e as simulações numéricas desempenham um papel crucial no desenvolvimento de materiais mais fortes, mais leves e mais duradouros para as estruturas aeronáuticas. A integração destas abordagens no processo de conceção permite aos engenheiros otimizar o desempenho dos materiais, minimizando o impacto dos defeitos Schottky, garantindo assim a segurança e a fiabilidade dos componentes aeronáuticos.

4.3 Relações entre observações experimentais e teóricas

O estabelecimento de ligações entre as observações experimentais e as previsões teóricas é essencial para validar os modelos e interpretar os resultados de uma forma significativa. As técnicas de correlação multi-escala, como a correlação TEM-STEM (Transmission Electron Microscopy-Scanning Transmission Electron Microscopy), permitem ligar as observações microscópicas à escala atómica ao comportamento macroscópico dos materiais. Esta integração de dados experimentais e resultados de modelização permite uma melhor compreensão da formação, estabilidade e efeitos dos defeitos de Schottky nas propriedades dos materiais, abrindo caminho para o desenvolvimento de novos materiais e tecnologias.

A correlação entre as observações experimentais e os modelos teóricos é crucial para validar os resultados e compreender melhor os processos subjacentes. Estas ligações permitem melhorar a precisão das previsões e orientar o desenvolvimento de novos materiais com propriedades optimizadas.

Em conclusão, a identificação e caraterização dos defeitos de Schottky são essenciais para compreender o seu impacto nas propriedades dos materiais e desenvolver estratégias para otimizar o seu desempenho em várias aplicações.

Capítulo 5. Estratégias para controlar e reduzir os defeitos Schottky

Os defeitos Schottky, devido ao seu impacto nas propriedades dos materiais, requerem uma abordagem sistemática para o seu controlo e redução. Este capítulo explora vários métodos e técnicas destinados a atingir este objetivo, bem como as suas aplicações práticas.

5.1 Síntese de materiais e métodos de processamento

A síntese de materiais isentos de defeitos Schottky e o processamento para reduzir a sua ocorrência são objectivos importantes em muitas áreas de investigação e aplicação. Esta secção examina em pormenor os diferentes métodos de síntese de materiais, como o crescimento controlado de cristais e a síntese química, bem como as técnicas de processamento, incluindo tratamentos térmicos e métodos de purificação. A compreensão dos mecanismos pelos quais se formam os defeitos de Schottky permite a conceção de estratégias eficazes para minimizar a sua ocorrência e otimizar as propriedades dos materiais.

Para além dos métodos tradicionais, abordagens inovadoras como a síntese assistida por laser e o nanofabrico permitem controlar a estrutura e a pureza dos materiais com grande precisão, reduzindo assim a formação de defeitos de Schottky. Por exemplo, no domínio dos materiais magnéticos, o fabrico de películas finas multicamadas por deposição em vácuo permite controlar com precisão a orientação magnética e evitar a formação de defeitos de Schottky que poderiam perturbar as propriedades magnéticas dos materiais.

Além disso, a utilização de técnicas de deposição em vácuo e de cristalização dirigida oferece formas de produzir materiais com uma densidade de defeitos reduzida, melhorando assim a sua estabilidade e desempenho. Por exemplo, no domínio dos semicondutores, o crescimento epitaxial permite produzir cristais de alta qualidade com uma estrutura atómica bem ordenada, minimizando assim a formação de defeitos Schottky que poderiam afetar as propriedades electrónicas do material.

Na aviação, onde a fiabilidade e a durabilidade dos materiais são cruciais, estes métodos de síntese e processamento são de particular importância. Ao controlar com precisão a estrutura e a pureza dos materiais, os engenheiros podem minimizar os defeitos Schottky e garantir um desempenho ótimo em condições ambientais rigorosas.

5.2 Dopagem e Engenharia de Defeitos Schottky: Modulação das Propriedades do Material

A dopagem controlada de materiais constitui uma via promissora para modificar seletivamente as propriedades electrónicas e estruturais, influenciando simultaneamente a densidade e a distribuição dos defeitos de Schottky. Esta secção explora diferentes técnicas de dopagem, como a dopagem iónica e a dopagem química, bem como estratégias de engenharia de defeitos para controlar a formação e o efeito de defeitos pontuais. Através do ajuste fino dos parâmetros de dopagem e das condições de crescimento, é possível modular as propriedades dos materiais e reduzir o impacto dos defeitos de Schottky no seu desempenho.

Nos semicondutores, a dopagem é amplamente utilizada para controlar a condutividade eléctrica e modificar as bandas de energia, o que pode influenciar a formação e a reatividade dos defeitos de Schottky. Por exemplo, a dopagem do tipo n ou p nos semicondutores pode modificar a densidade de portadores de carga e, por conseguinte, a mobilidade dos electrões ou buracos, o que pode influenciar a formação e a estabilidade dos defeitos de Schottky.

Abordagens como a dopagem selectiva e a dopagem sequencial permitem controlar com precisão a concentração e a localização dos defeitos de Schottky, proporcionando um meio eficaz de regular as propriedades do material. Por exemplo, nas células solares à base de silício, a dopagem selectiva pode ser utilizada para criar regiões p e n de forma controlada, minimizando a formação de defeitos de Schottky nas interfaces de contacto, melhorando assim a eficiência da conversão da energia solar.

Além disso, a engenharia de defeitos à nanoescala permite a criação de arquitecturas de hardware personalizadas, minimizando os efeitos indesejáveis dos defeitos de Schottky no desempenho global. Por exemplo, nos dispositivos electrónicos à base de grafeno, a engenharia de defeitos pode ser utilizada para controlar as propriedades de transporte de electrões, melhorando assim a eficiência e a fiabilidade do dispositivo.

Na aviação e noutros domínios em que a fiabilidade e o desempenho dos materiais são cruciais, a dopagem controlada e a engenharia de defeitos oferecem formas promissoras de otimizar as propriedades dos materiais e reduzir os efeitos adversos dos defeitos de Schottky. Ao compreender e explorar estas estratégias, os engenheiros podem conceber materiais com melhor desempenho e mais duradouros para uma série de aplicações críticas.

5.3 Aplicações práticas da monitorização de defeitos Schottky

A compreensão e o controlo dos defeitos de Schottky abrem caminho a muitas aplicações práticas em vários domínios. Esta secção destaca o modo como os conhecimentos sobre os defeitos de Schottky podem ser aplicados em contextos reais, com um exemplo ilustrativo sobre a prevenção da corrosão galvânica em estruturas metálicas. Utilizando estratégias de controlo dos defeitos de Schottky, é possível prolongar a vida dos materiais, melhorar o seu desempenho e promover o desenvolvimento de tecnologias inovadoras e sustentáveis.

Por exemplo, no domínio da energia solar, o conhecimento e o controlo dos defeitos de Schottky são essenciais para melhorar a eficiência das células solares. Ao minimizar a formação de defeitos na interface entre camadas de materiais semicondutores, é possível otimizar a captação e a conversão da energia solar, contribuindo assim para aumentar a eficiência global dos painéis solares.

Do mesmo modo, no domínio da catálise, a manipulação dos defeitos Schottky pode ser utilizada para otimizar o desempenho dos catalisadores em reacções químicas. Ao controlar a densidade e a distribuição dos defeitos na superfície dos catalisadores, é possível melhorar a sua atividade catalítica, seletividade e estabilidade, abrindo caminho a novas aplicações na produção de energia limpa e na química verde.

Finalmente, no domínio aeroespacial, o controlo dos defeitos Schottky é crucial para reforçar os materiais utilizados na construção de aviões e satélites. Ao minimizar a formação de defeitos nos materiais, é possível melhorar a sua resistência mecânica, durabilidade e resistência à corrosão, ajudando a garantir a segurança e fiabilidade das estruturas aeroespaciais em ambientes extremos.

Utilizando abordagens de controlo dos defeitos de Schottky, é possível satisfazer a necessidade crescente de materiais funcionais e sustentáveis numa vasta gama de indústrias e áreas de aplicação. Ao explorar plenamente o potencial dos defeitos Schottky, os investigadores e engenheiros podem ajudar a acelerar a inovação e desenvolver tecnologias mais eficientes e sustentáveis para responder aos desafios do nosso tempo.

Capítulo 6. Desafios e perspectivas

Este capítulo explora os desafios actuais na compreensão dos defeitos de Schottky, bem como as perspectivas promissoras para a investigação futura e as potenciais novas aplicações para estes defeitos.

6.1 Limitações actuais na compreensão dos defeitos de Schottky

Apesar dos progressos registados na caraterização e modelização dos defeitos de Schottky, existem ainda limitações significativas na nossa compreensão destes defeitos pontuais. Os mecanismos pelos quais os defeitos Schottky se formam e interagem com outros defeitos cristalinos, como as deslocações, são frequentemente mal compreendidos. Além disso, a variabilidade das propriedades dos defeitos de Schottky em função do crescimento do material e das condições de processamento é um grande desafio a ultrapassar.

Por conseguinte, a investigação futura deverá centrar-se na obtenção de uma compreensão mais profunda destes aspectos, na exploração das interacções complexas entre os defeitos Schottky e outras imperfeições cristalinas e no desenvolvimento de modelos mais precisos para prever o seu comportamento em diferentes condições.

6.2 Domínios de investigação emergentes

Algumas áreas emergentes de investigação oferecem novas perspectivas para aprofundar a nossa compreensão dos defeitos Schottky e abrem caminho a avanços significativos na conceção e engenharia de materiais.

A nanotecnologia, por exemplo, representa um domínio promissor para a manipulação controlada de defeitos à nanoescala. Utilizando técnicas de fabrico avançadas, como a litografia por feixe de electrões e o crescimento epitaxial, é possível criar arquitecturas de materiais personalizadas com precisão atómica. Esta capacidade permite não só controlar a densidade e a distribuição dos defeitos de Schottky, mas também explorar os seus efeitos para conceber dispositivos e sistemas de elevado desempenho, como sensores ultra-sensíveis, dispositivos electrónicos de baixa potência e catalisadores altamente selectivos.

Além disso, a combinação de técnicas experimentais avançadas e de modelização numérica abre novas perspectivas para a exploração das propriedades dos defeitos de Schottky em condições extremas, tais como ambientes de alta temperatura e alta pressão. Utilizando simulações atomísticas e experiências laboratoriais sofisticadas, os investigadores podem estudar o comportamento dos defeitos em condições realistas, proporcionando uma melhor compreensão da sua estabilidade, mobilidade e influência nas propriedades dos materiais. Esta informação é crucial para a conceção de materiais capazes de resistir a ambientes extremos e de funcionar de forma fiável em condições difíceis.

A investigação futura nestas áreas poderá, por conseguinte, conduzir a avanços significativos na nossa capacidade de conceber materiais com propriedades por medida, tirando pleno partido das características únicas dos defeitos de Schottky à escala nanométrica. Ao integrar os conhecimentos da nanotecnologia e técnicas experimentais avançadas, os investigadores poderão desenvolver novos materiais e tecnologias inovadores que satisfaçam as necessidades crescentes da sociedade moderna.

6.3 Novas aplicações potenciais

Uma compreensão aprofundada dos defeitos de Schottky abre caminho a muitas novas aplicações potenciais numa variedade de domínios, oferecendo possibilidades inovadoras para a engenharia de materiais e o desenvolvimento de tecnologias de ponta.

Na engenharia de materiais, a capacidade de controlar e manipular os defeitos de Schottky abre a porta à conceção de materiais feitos à medida para aplicações específicas. Por exemplo, ao ajustar a densidade e a distribuição dos defeitos, é possível criar materiais com propriedades electrónicas, ópticas ou catalíticas optimizadas. Estes materiais feitos por medida poderão encontrar aplicações em vários domínios, como a eletrónica avançada, a catálise selectiva e a conversão de energia.

Além disso, os defeitos de Schottky podem desempenhar um papel fundamental no desenvolvimento de tecnologias emergentes, como a computação quântica e os dispositivos fotónicos. Na computação quântica, por exemplo, os defeitos de Schottky podem ser utilizados como qubits, as unidades de computação quântica, explorando as suas propriedades electrónicas quânticas únicas. Do mesmo modo, nos dispositivos fotónicos, os defeitos de Schottky podem ser explorados para controlar e manipular a propagação da luz a uma escala nanométrica, abrindo caminho a novas tecnologias de comunicação e processamento de informação.

Por conseguinte, a investigação futura deve centrar-se na exploração destas novas aplicações potenciais, com ênfase no desenvolvimento de novos materiais e técnicas de fabrico para explorar plenamente o potencial dos defeitos de Schottky nestes domínios. Ao combinar abordagens experimentais, teóricas e computacionais, os investigadores podem explorar os limites destas potenciais aplicações e identificar as melhores estratégias para as concretizar.

Em conclusão, embora subsistam desafios na compreensão dos defeitos de Schottky, as perspectivas de investigação emergentes e as potenciais novas aplicações oferecem um terreno fértil para a inovação futura neste domínio. Se continuarmos a explorar as propriedades e os comportamentos dos defeitos de Schottky, estaremos em condições de desenvolver novos materiais e tecnologias que irão moldar o futuro da ciência e da engenharia dos materiais.

Conclusão

A ciência dos materiais é um domínio em constante evolução, no qual a compreensão dos defeitos de Schottky desempenha um papel crucial. Estas imperfeições cristalinas, embora frequentemente consideradas indesejáveis, oferecem, de facto, um imenso potencial para a conceção de materiais com propriedades personalizadas e para o desenvolvimento de tecnologias inovadoras. Ao longo deste documento, explorámos em pormenor as origens, as características e os efeitos dos defeitos de Schottky, bem como os métodos para os controlar e explorar.

Desde técnicas experimentais avançadas até à modelização numérica sofisticada, a investigação sobre os defeitos de Schottky abrange uma gama diversificada de disciplinas científicas e aplicações tecnológicas. Desde a nanotecnologia e a indústria aeroespacial até à eletrónica e à catálise, os defeitos de Schottky estão no centro de muitos avanços e inovações. A sua manipulação controlada abre caminho a materiais personalizados com propriedades específicas para satisfazer as necessidades crescentes da sociedade moderna.

À medida que continuamos a explorar os mistérios dos defeitos de Schottky, estamos a assistir a uma excitante convergência entre a investigação fundamental e as aplicações práticas. Os desafios mantêm-se, mas as oportunidades também são infinitas. Ao unirmos os nossos esforços para além das fronteiras disciplinares e das colaborações internacionais, estamos bem colocados para moldar o futuro da ciência e engenharia dos materiais, explorando plenamente o potencial dos defeitos de Schottky para criar um mundo melhor e mais sustentável.

Glossário :

-Defeito de Schottky : uma imperfeição pontual numa rede cristalina em que um átomo está ausente do seu lugar, criando uma lacuna associada a um átomo iónico vizinho.

-Dopagem : A incorporação deliberada de impurezas num material para modificar as suas propriedades eléctricas, ópticas ou químicas.

-Engenharia de defeitos : A manipulação controlada de defeitos em materiais para otimizar as suas propriedades ou comportamento.

-Corrosão galvânica : Uma forma de corrosão eletroquímica que ocorre quando dois metais diferentes estão em contacto elétrico num meio eletrolítico.

Síntese de materiais : O processo de criação de materiais a partir de matérias-primas ou componentes, frequentemente utilizando métodos químicos ou físicos controlados.

-Tratamento térmico : Processo de aquecimento e arrefecimento controlado de materiais para modificar as suas propriedades e estrutura.

-Crescimento controlado de cristais: Uma técnica para produzir cristais com uma estrutura cristalina regular e controlada.

-Termodinâmica : Ramo da física que estuda a relação entre o calor e outras formas de energia.

-Entropia: Medida da desordem ou incerteza de um sistema, frequentemente associada à distribuição de energia num sistema termodinâmico.

-Microscopia eletrónica : Técnica de imagem que utiliza feixes de electrões para visualizar objectos a uma escala microscópica.

-Espectroscopia : Estudo das interacções entre a matéria e a luz, frequentemente utilizado para analisar a estrutura e as propriedades dos materiais.

-Modelação digital: Utilização de ferramentas informáticas para simular o comportamento de sistemas físicos ou químicos.

-Correlação multiescala : Uma abordagem que integra dados de diferentes escalas espaciais ou temporais para compreender fenómenos complexos.

Referência :

1. Callister Jr, W. D., & Rethwisch, D. G. (2014). Ciência e engenharia de materiais: uma introdução. John Wiley & Sons.

2 Dieter, G. E., & Bacon, D. J. (1988). Mechanical metallurgy (Vol. 3). McGraw-Hill.

3 Kittel, C. (2004). Introdução à física do estado sólido. John Wiley & Sons.

4 Hull, D., & Bacon, D. J. (2011). Introduction to dislocations. Elsevier.

5 Cullity, B. D., & Stock, S. R. (2001). Elementos de difração de raios X. Prentice Hall.

6 Wagner, C. (1961). Teoria da formação de barreiras de Schottky. Journal of Applied Physics, 32(2), 215-220.

7 Bhadeshia, H. K. D. H. (2011). Phase Transformations: Examples from Titanium and Zirconium Alloys (Transformações de fase: exemplos de ligas de titânio e zircónio). Woodhead Publishing.

8. Smith, W. F., & Hashemi, J. (2006). Foundations of Materials Science and Engineering (Fundamentos da ciência e engenharia dos materiais). McGraw-Hill.

9 Kingery, W. D., Bowen, H. K., & Uhlmann, D. R. (1976). Introduction to Ceramics (2ª ed.). John Wiley & Sons.

10 Cahn, R. W., Haasen, P., & Kramer, E. J. (2001). Materials Science and Technology: A Comprehensive Treatment (Vol. 6). VCH.

11 Dieter, G. E., & Bacon, D. J. (1986). Mechanical Metallurgy. McGraw-Hill.

12 Van Vlack, L. H. (1964). Elements of Materials Science and Engineering. Addison-Wesley.

MIX
Papier aus verantwortungsvollen Quellen
Paper from responsible sources
FSC® C105338

Printed by Books on Demand GmbH, Norderstedt / Germany